Tersoo Eric Taave
Dooyum Patrick
Bemshima Benjamin Iorfa

AVALIAÇÃO DA DUREZA DA ÁGUA DE FUROS EM ÁFRICA

Tersoo Eric Taave
Dooyum Patrick
Bemshima Benjamin Iorfa

AVALIAÇÃO DA DUREZA DA ÁGUA DE FUROS EM ÁFRICA

ScienciaScripts

Imprint
Any brand names and product names mentioned in this book are subject to trademark, brand or patent protection and are trademarks or registered trademarks of their respective holders. The use of brand names, product names, common names, trade names, product descriptions etc. even without a particular marking in this work is in no way to be construed to mean that such names may be regarded as unrestricted in respect of trademark and brand protection legislation and could thus be used by anyone.

Cover image: www.ingimage.com

This book is a translation from the original published under ISBN 978-620-8-41791-8.

Publisher:
Sciencia Scripts
is a trademark of
Dodo Books Indian Ocean Ltd. and OmniScriptum S.R.L publishing group

120 High Road, East Finchley, London, N2 9ED, United Kingdom
Str. Armeneasca 28/1, office 1, Chisinau MD-2012, Republic of Moldova, Europe
Managing Directors: Ieva Konstantinova, Victoria Ursu
info@omniscriptum.com

Printed at: see last page
ISBN: 978-620-8-61259-7

Conteúdo

Tersoo Eric Taave

Universidade Joseph Sarwuan Tarka, Makurdi, Nigéria

+234 902 415 5924

Patrick Dooyum

Universidade Joseph Sarwuan Tarka, Makurdi, Nigéria

florapatrick619@gmail.com

+234 814 921 7691

&

Iorfa Bemshima Benjamin

Agência Nacional de Controlo da Droga, Nigéria

iorfabenjamin1992@gmail.com

+234 706 208 9695

Visão geral

A crescente dependência da água de furos como fonte primária de água potável em África suscita preocupações significativas quanto à sua qualidade e segurança. Este livro avalia as caraterísticas físico-químicas e o estado de dureza da água de furos em várias regiões de África, centrando-se nas suas implicações para a saúde pública. Foram recolhidas amostras de água de vários furos e analisados parâmetros-chave como a dureza total, o pH, a turvação, a condutividade eléctrica e as concentrações de minerais essenciais (cálcio, magnésio). Os resultados preliminares indicam que, embora algumas amostras estejam dentro dos limites aceitáveis estabelecidos pela Organização Mundial de Saúde (OMS) e pelas normas locais, outras apresentam níveis elevados de dureza e contaminantes que podem representar riscos para a saúde dos consumidores. Os resultados sublinham a necessidade de uma monitorização e gestão regulares da qualidade da água dos furos para garantir a sua potabilidade e salvaguardar a saúde pública. Esta investigação contribui para um conjunto crescente de conhecimentos destinados a melhorar as normas de qualidade da água em África e sublinha a importância da gestão sustentável dos recursos hídricos para enfrentar os desafios da segurança da água no continente.

Palavras-chave: Água de furo, avaliação da dureza, saúde pública, qualidade da água, África.

CAPÍTULO 1

INTRODUÇÃO

1.1 Antecedentes do estudo

A água é essencial para os organismos porque 75% do conteúdo total do corpo é água e é um dos principais constituintes através do qual os nutrientes são transportados pelo corpo. Consequentemente, a água deve estar disponível e ser de boa qualidade para uso humano (*Patilet al.,* 2010). No entanto, existe uma grande dependência de águas subterrâneas não tratadas, captadas através de poços escavados à mão e de sistemas de furos (Ocheri, 2010).

A água é também muito vital para a agricultura e outros fins. A água é um dos recursos naturais mais fundamentais que um país deve aproveitar na sua busca de um ritmo rápido de crescimento económico.

Segundo as estimativas, a água cobre 70,9% da superfície da Terra, principalmente nos mares e oceanos. Pequenas porções de água ocorrem como água subterrânea (1,7%), nos glaciares e nas calotas polares da Antárctida e da Gronelândia (1,7%), e no ar como vapor, nuvens (constituídas por gelo e água líquida suspensa no ar), como precipitação (0,001%). A água move-se continuamente através do ciclo da água de evaporação, transpiração, condensação, precipitação e escoamento, chegando normalmente ao mar.

No entanto, a água disponível para uso humano é limitada (Dinka, 2018). Sem dúvida, o tão desejado sonho de todos os seres humanos terem acesso fácil a água potável segura e a preços acessíveis é geralmente considerado por muitos como um dos direitos humanos mais básicos e deve, no entanto, assumir o estatuto de um dos factores críticos de qualquer política de proteção da saúde humana e de desenvolvimento eficazmente planeada e devidamente implementada - seja ela local, estatal, regional, nacional ou global (Ohwo e Abotutu, 2014), O uso global de água tem crescido a mais do dobro da taxa de aumento da população no último século devido ao crescimento populacional e às exigências da agricultura de regadio e, embora não haja escassez global de água como tal, um número crescente de regiões sofre de falta crónica de água (Gray, 2014). É também um facto que a disponibilidade de água continuará a ser um fator que contribui para a migração, em especial nas regiões onde estão presentes factores combinados de pobreza e vulnerabilidade a riscos naturais (Levallois e Villanueva, 2019).

As águas subterrâneas constituem uma importante fonte de abastecimento de água para o abastecimento doméstico e para a agricultura na Nigéria. A Organização Mundial de Saúde (OMS) estima que quase 10% da população mundial não tem acesso a fontes de água potável melhoradas, e um dos objectivos da Organização das Nações Unidas (ONU)

Os Objectivos de Desenvolvimento Sustentável consistem em assegurar o acesso universal à água e ao saneamento até 2030 (OMS, 2019).

É normalmente captada através de furos domésticos e utilizada essencialmente para consumo humano. Mas devido ao elevado nível de industrialização, às práticas ilegais de gestão de resíduos nas zonas urbanas, à eliminação indiscriminada e incorrecta tanto dos resíduos sólidos como das águas residuais, os furos estão contaminados, o que os torna impróprios para consumo humano (Singh *et al.*, 2011).

A dureza da água é a medida tradicional da capacidade da água para reagir com o sabão, sendo que a água dura requer consideravelmente mais sabão para produzir espuma. A água dura produz frequentemente um depósito notável de precipitados (por exemplo, metais insolúveis, sabões ou sais) nos recipientes, incluindo o "anel de banheira". Não é causada por uma única substância, mas por uma variedade de iões metálicos polivalentes dissolvidos, predominantemente catiões de cálcio e magnésio, embora outros catiões (por exemplo, alumínio, bário, ferro, manganês, estrôncio e zinco) também contribuam. A dureza é mais frequentemente expressa em miligramas de equivalente de carbonato de cálcio por litro. A dureza é causada por catiões, podendo também ser discutida em termos de dureza carbonatada (temporária) e não carbonatada (permanente).

A dureza total (DT) da água subterrânea é um parâmetro muito importante para determinar a qualidade da água subterrânea para fins domésticos.

Vantagens da água dura

As vantagens da água dura incluem;

(i) A água dura sabe melhor do que a água macia.

(ii) Fortalece os ossos e os dentes, pois actua como suplemento alimentar de cálcio e magnésio.

(iii)Quando a mistura correta de cálcio e magnésio é feita, reduz a obstipação e ajuda a combatê-la.

Desvantagens da água dura

As desvantagens da água dura incluem;

(i) Desperdício de sabão.

(ii) A água dura mancha a roupa, pois em vez de produzir espuma, o detergente produz escória, que por sua vez mancha a roupa e também lhe retira a cor.

(iii) Tomar banho com água dura torna a pele seca e provoca comichão.

(iv) Formação de escamas em caldeiras metálicas.

(v)Os depósitos de água dura corroem e entopem o tubo

1.2 Declaração do problema

Na Nigéria, a água subterrânea é amplamente utilizada para abastecimento agrícola, doméstico e industrial. E muitas cidades dependem totalmente das águas subterrâneas para o seu abastecimento de água. Por conseguinte, é importante avaliar a qualidade e o estado de dureza da água obtida a partir de recursos hídricos subterrâneos.

1.3 Finalidade e objectivos do estudo

O objetivo do estudo era avaliar o estado de dureza da água dos furos na metrópole de Makurdi, na Nigéria.

Os objectivos específicos do estudo são os seguintes

(i) Caracterizar amostras de água de furos em termos de atributos físico-químicos de rotina

(ii) Avaliar a qualidade da água através do cálculo de índices específicos de qualidade da água utilizando os parâmetros referidos em (i) acima.

(iii)Avaliar o estado de dureza da água

1.4 Importância do estudo

O estudo procura avaliar a qualidade e determinar o estado de dureza das águas subterrâneas na metrópole de Makurdi.

Este estudo também pode servir de guia na recomendação de água para vários usos na metrópole de Makurdi.

1.5 Âmbito do estudo

O estudo limita-se ao estado de dureza dos recursos hídricos subterrâneos (água de furos) em áreas selecionadas da metrópole de Makurdi, como a estrada de Otukpo, a estrada de Lafia, a estrada de Gboko e a estrada de Naka.

CAPÍTULO 2

REVISÃO DA LITERATURA

2.1 Qualidade da água

A qualidade da água refere-se às caraterísticas químicas, físicas e biológicas da água com base nas normas da sua utilização (Spellman, 2013). A qualidade da água é uma medida do estado da água relativamente aos requisitos de uma ou mais espécies bióticas e/ou a qualquer necessidade ou objetivo humano (Shah, 2017). As normas mais comuns utilizadas para monitorizar e avaliar a qualidade da água dizem respeito à saúde dos ecossistemas, à segurança do contacto humano e ao estado da água potável. A qualidade da água tem um impacto significativo no abastecimento de água e, muitas vezes, determina as opções de abastecimento.

A qualidade da água é uma função de tudo o que a água pode apanhar durante a sua viagem das nuvens para a terra e para a massa de água. Sob a forma dissolvida, coloidal ou suspensa, dado o facto de a água ser um solvente universal, apanha muita coisa.

A água é a segunda necessidade mais importante para a existência de vida, a seguir ao ar. Por conseguinte, a qualidade da água tem sido amplamente descrita na literatura científica. A qualidade da água é uma medida do estado da água relativamente às necessidades de uma ou mais espécies bióticas e/ou a quaisquer utilizações humanas. Quando a qualidade da água é má, afecta não só a vida aquática mas também o ecossistema circundante.

Tipos de qualidade da água

A qualidade da água pode ser classificada em quatro tipos

1. Água potável: A água potável é uma água que é segura para beber, agradável ao paladar e utilizável para fins domésticos.
2. Água palatável: A água palatável refere-se à água que é esteticamente agradável; considera a presença de substâncias químicas que não constituem uma ameaça para a saúde humana.
3. Água contaminada (poluída): A água contaminada (poluída) é a água que contém substâncias físicas, químicas, biológicas ou radiológicas indesejadas e é imprópria para beber ou para uso doméstico.

4. Água infetada: A água infetada é a água que está contaminada com organismos patogénicos como vírus, bactérias, fungos, protozoários e vermes.

Requisitos de qualidade da água

Os requisitos de qualidade da água diferem consoante a utilização proposta para a água.

A água inadequada para uma utilização pode ser bastante satisfatória para outra e a água

pode ser considerada aceitável para uma determinada utilização se não estiver disponível água de melhor qualidade, (Tchobanoglous *et al.*, 2003)

Os requisitos de qualidade da água devem ser acordados com as normas de qualidade da água, que são estabelecidas pela agência governamental e representam os requisitos da legislação. De um modo geral, existem três tipos de normas: as normas de qualidade da água corrente, as normas de qualidade da água potável e as normas de qualidade dos efluentes das águas residuais, cada uma com os seus próprios critérios, utilizando os mesmos métodos de medição. A Organização Mundial de Saúde (OMS) estabeleceu padrões mínimos para a água potável que todos os países devem cumprir.

2.1.1 Parâmetro de qualidade da água

Os índices de qualidade da água têm um melhor desempenho à escala regional ou local; por conseguinte, deve ser selecionado um conjunto único de parâmetros específicos da bacia hidrográfica para cada bacia hidrográfica (Sutadian *et al.*, 2016).

Existem três tipos de parâmetros de qualidade da água, que incluem:

1. Parâmetros físicos
2. Parâmetros químicos
3. Parâmetros biológicos

Mas nós considerámos apenas os parâmetros físico-químicos.

1. Parâmetros físicos da qualidade da água

Os parâmetros físicos da qualidade da água são enumerados a seguir:

i Turbidez

A turvação é a turvação da água. É uma medida da capacidade da luz passar através da água. É causada por material em suspensão, como argila, silte, material orgânico, plâncton e outros materiais particulados na água.

A turvação é medida por um instrumento denominado nefelometriturbidímetro.

As águas subterrâneas têm normalmente uma turbidez muito baixa devido à filtração natural que ocorre à medida que a água penetra no solo.

ii Temperatura

A palatabilidade, a viscosidade, a solubilidade, os odores e as reacções químicas são influenciadas pela temperatura. Assim, os processos de sedimentação e de cloração e a carência biológica de oxigénio (CBO) dependem da temperatura. Também afecta o processo de biossorção dos metais pesados dissolvidos na água. A maioria das pessoas considera a água a temperaturas de 10-15°C mais palatável.

iii Cor

Os materiais decompostos da matéria orgânica, nomeadamente a vegetação, e da matéria inorgânica, como o solo, as pedras e as rochas, conferem cor à água, o que é censurável por razões estéticas, mas não por razões de saúde.

O espetrómetro é um instrumento utilizado para medir a cor.

A água pura é incolor, o que equivale a 0 unidades de cor.

vi. Condutividade eléctrica (CE)

A condutividade eléctrica (CE) da água é uma medida da capacidade de uma solução para transportar ou conduzir uma corrente eléctrica. Uma vez que a corrente eléctrica é transportada por iões em solução, a condutividade aumenta à medida que a concentração de iões aumenta. Por conseguinte, é um dos principais parâmetros utilizados para determinar a adequação da água para irrigação e combate a incêndios.

A qualidade da água potável subterrânea da área de estudo pode ser verificada de forma eficaz através do controlo da condutividade da água e isto também pode ser aplicado à gestão da qualidade da água de outras áreas de estudo (

Navneet *et al.,* 2010) .

As suas unidades de medida são as seguintes

Unidades S.I. = microSiemens/metro (mS/m) ou miliiSiemens/metro (mS/m)

A água pura não é um bom condutor de eletricidade.

v. Sólidos totais dissolvidos

O total de sólidos dissolvidos (TDS) é uma medida do conteúdo combinado dissolvido de todas as substâncias inorgânicas e orgânicas presentes num líquido na forma molecular, ionizada ou micro-granular (sol coloidal) em suspensão.

As concentrações de TDS são frequentemente comunicadas em partes por milhão (ppm)

é colocado num pequeno prato e depois evaporado, os sólidos são o resíduo.

Este material é normalmente designado por sólidos totais dissolvidos ou TDS.

A quantidade total de sólidos dissolvidos na água pode ser calculada através desta fórmula:

TDS=TS-TSS

(1)

Onde,

TS é o sólido total,

TDS é o total de sólidos dissolvidos,

SST é o total de sólidos em suspensão.

A água pode ser classificada pela quantidade de sólidos totais dissolvidos (TDS) por litro da seguinte forma

Água doce: <1500 mg/L TDS,

Água negra: 1500-5000 mg/L TDS,

Água salina: >5000 mg/L TDS.

O resíduo de TSS e TDS após aquecimento até à secura durante um período de tempo definido e a uma temperatura específica é definido como sólidos fixos. Os sólidos voláteis são os sólidos que se perdem por ignição (aquecimento a 550°C).

Estas medidas são úteis para os operadores da estação de tratamento de águas residuais porque aproximam aproximadamente a quantidade de matéria orgânica existente nos sólidos totais das águas residuais, lamas activadas e resíduos industriais.

iv. Sabor e odor

O sabor e o odor da água podem ser causados por matérias estranhas, tais como materiais orgânicos, compostos inorgânicos ou gases dissolvidos. Estes materiais podem ser provenientes de fontes naturais, domésticas ou agrícolas. A unidade de odor ou sabor é expressa em termos de um número limite.

2. Parâmetros químicos da qualidade da água

Alguns parâmetros químicos da qualidade da água incluem:

i. pH

O pH é um dos parâmetros mais importantes da qualidade da água. É definido como o logaritmo negativo da concentração de iões de hidrogénio. É um número sem dimensão que indica a força de uma solução ácida ou básica. De facto, o pH da água é uma medida de quão ácida/básica é a água. A água ácida contém mais iões de hidrogénio (H^+) e a água básica contém mais iões de hidroxilo (OH^-).

O pH varia de 0 a 14, sendo 7 neutro. Um pH inferior a 7 indica acidez, enquanto um pH superior a 7 indica uma solução básica. O pH está positivamente correlacionado com a condutância eléctrica e a alcalinidade total (Gupta, 2009). A água pura é neutra, com um pH próximo de 7,0 a 25°C. A chuva normal tem um pH de cerca de 5,6 (ligeiramente ácido) devido ao gás carbónico atmosférico.

Os intervalos seguros de pH para a água potável são de 6,5 a 8,5 para uso doméstico e para as necessidades dos organismos vivos.

Os pHs excessivamente altos e baixos podem ser prejudiciais para a utilização da água. Um pH elevado torna o sabor amargo e diminui a eficácia da desinfeção com cloro, causando assim a necessidade de cloro adicional. A quantidade de oxigénio na água aumenta com o aumento do pH. A água com pH baixo corroerá ou dissolverá metais e outras substâncias.

A poluição pode modificar o pH da água, o que pode danificar os animais e as plantas que vivem na água.

Os efeitos do pH nos animais e plantas aquáticos podem ser resumidos da seguinte forma:

i. A maior parte dos animais e plantas aquáticos adaptaram-se à vida numa água com um pH específico e podem sofrer mesmo com uma ligeira alteração

ii. Mesmo uma água moderadamente ácida (pH baixo) pode diminuir o número de ovos de peixe eclodidos, irritar as guelras dos peixes e dos insectos aquáticos e danificar as membranas.

iii. Água com pH muito baixo ou muito alto é fatal. Um pH inferior a 4 ou superior a 10 mata a maior parte dos peixes e muito poucos animais conseguem suportar uma água com um pH inferior a 3 ou superior.

iv. Os anfíbios são extremamente ameaçados pelo pH baixo, porque a sua pele é muito sensível aos contaminantes. Alguns cientistas acreditam que a atual diminuição da população de anfíbios em todo o mundo pode dever-se aos baixos níveis de pH induzidos pela chuva ácida.

ii. Dureza total

Dureza é um termo usado para expressar as propriedades de águas altamente mineralizadas. Os minerais dissolvidos na água causam problemas como depósitos de calcário em tubagens de água quente e dificuldade em produzir espuma com sabão (Davis, 2010).

Os iões de cálcio (Ca^{2+}) e magnésio (Mg^{2+}) causam a maior parte da dureza em águas naturais (Spellman, 2017). Entram na água principalmente pelo contacto com o solo e as rochas, em particular os depósitos de calcário.

Estes iões estão presentes como bicarbonatos, sulfatos e, por vezes, como cloretos e nitratos (Davis *et al.*, 2008). Geralmente, as águas subterrâneas são mais duras do que as águas superficiais.

Tabela 1: Classificação da água de acordo com a sua dureza.

Classificação da água	Concentração da dureza total em mg/L como CaCO3
Água macia	< 60 mg/L como CaCO3

Moderado duro	61-120 mg/L como CaCO3
Água dura	121-180 mg/L como CaCO3
Muito difícil	>180 mg/L como CaCO3

iii. Acidez

A acidez é a medida dos ácidos numa solução. A acidez da água é a sua capacidade quantitativa de neutralizar uma base forte para um nível de pH selecionado. A acidez na água é normalmente devida ao dióxido de carbono, aos ácidos minerais e aos sais hidrolisados, como os sulfatos férrico e de alumínio. Os ácidos podem influenciar muitos processos, como a corrosão, as reacções químicas e as actividades biológicas.

O dióxido de carbono da atmosfera ou da respiração dos organismos aquáticos provoca acidez quando dissolvido na água, formando ácido carbónico (H_2CO_3).

iv. Alcalinidade

A alcalinidade da água é a sua capacidade de neutralização de ácidos, composta pelo total de todas as bases tituláveis. A medição da alcalinidade da água é necessária para determinar a quantidade de cal e soda necessária para o amaciamento da água (por exemplo, para o controlo da corrosão no condicionamento da água de alimentação da caldeira). A alcalinidade da água é causada principalmente pela presença de iões hidróxido (OH^-), iões bicarbonato (HCO_3^-), e iões carbonato (CO_3^-), ou uma mistura de dois destes iões na água.

v. Cloreto

O cloreto ocorre naturalmente nas águas subterrâneas, nos cursos de água e nos lagos, mas a presença de uma concentração relativamente elevada de cloreto na água doce (cerca de 250 mg/L ou mais) pode indicar poluição por águas residuais. Os cloretos podem entrar nas águas superficiais a partir de várias fontes, incluindo rochas que contêm cloretos, escoamento agrícola e águas residuais.

Os iões cloreto Cl^- na água potável não causam quaisquer efeitos nocivos para a saúde pública, mas concentrações elevadas podem causar um sabor salgado desagradável para a maioria das pessoas. Na água potável, um resíduo de cerca de 0,2 mg/L é o ideal. A concentração residual que é mantida no sistema de distribuição de água assegura uma boa qualidade sanitária da água (Davis, 2010).

O cloro pode reagir com substâncias orgânicas na água, formando compostos tóxicos chamados trihalometanos ou THMs, que são cancerígenos, como o clorofórmio CHCl3 (Davis *et al.*, 2008).

vi. Azoto

Existem quatro formas de azoto na água e nas águas residuais: azoto orgânico, azoto amoniacal, azoto nitrito e azoto nitrato. Se a água estiver contaminada com esgotos, a maior parte do azoto encontra-se nas formas orgânica e amoniacal, que são transformadas por micróbios para formar nitritos e nitratos. O azoto sob a forma de nitrato é um nutriente básico para o crescimento das plantas e pode ser um fator nutritivo limitador do crescimento.

Os nitratos podem entrar nas águas subterrâneas a partir de fertilizantes químicos utilizados nas zonas agrícolas. Uma concentração excessiva de nitratos (superior a 10 mg/L) na água potável constitui uma ameaça imediata e grave para a saúde dos bebés.

Tabela 2: Alguns parâmetros físico-químicos da qualidade da água

S/No	Físico parâmetros	Química parâmetros
1	Turbidez	pH
2	Temperatura	Acidez
3	Cor	Alcalinidade
4	Sabor e odor	Cloreto
5	Sólido	Nitrogénio
6	Elétrico condutividade	Dureza

2.1.2 Índices de qualidade da água

Os índices de qualidade da água foram desenvolvidos por Horton (1965), no entanto, um novo índice de qualidade da água semelhante ao índice de Horton também foi desenvolvido por (Brown *et al.*, 1970), que sofreu uma modificação muito melhorada. Trabalhadores como (Fulazzaky, 2010), (Yisa e Jimoh, 2010), (Akoteyon *et al.*, 2011), (Chowdhury *et al.*, 2012), (Othman *et al.*, 2012), (*Tyagiet al.*, 2013), (*Etimet al.*, 2013), (Naubi *et al.*, 2016), (Ewaid, 2017) e (Bouslah *et al.*, 2017) concentraram-se no estudo dos índices de qualidade da água de diferentes massas de água.

Os Índices de Qualidade da Água (IQA) são indicadores compostos da qualidade da água que reúnem dados complexos sobre a qualidade da água num valor agregado que pode ser rápida e facilmente comunicado ao público a que se destina. Estes índices de qualidade da água podem também ser utilizados como ferramentas de previsão de condições potencialmente prejudiciais. São também potencialmente valiosos na avaliação e comunicação dos impactos globais das intervenções e decisões de gestão existentes, planeadas ou propostas sobre a qualidade da água. Este manuscrito apresenta um olhar essencialmente baseado na literatura sobre as potencialidades dos IQA no que respeita à sua utilização como ferramentas para a tomada de decisões e a gestão. São também apresentadas ilustrações utilizando dados de monitorização para fornecer informações adicionais e comparações com as determinações baseadas na literatura. Dos indicadores de qualidade da água existentes, as formulações de índices objectivos oferecem opções de aplicação mais flexíveis, permitindo a incorporação de conjuntos de determinantes variáveis para captar condições específicas do local e preocupações variáveis com a qualidade da água. A incorporação da opinião de peritos a um determinado nível é importante para a aceitabilidade dos índices de qualidade da água como instrumentos de gestão dos recursos hídricos. A utilização dos índices numa base contínua fornece dados a longo prazo que são úteis para a tomada de decisões e a gestão.

Os índices de qualidade da água têm por objetivo atribuir um valor único à qualidade da água de uma fonte, com base num ou noutro sistema que traduz a lista de constituintes e as suas concentrações presentes numa amostra num valor único. Pode então comparar-se a qualidade de diferentes amostras com base no valor do índice de cada amostra.

Os índices têm sido utilizados em numerosos domínios, tais como:

i. Ambiente: Os índices ambientais, dos quais os índices relativos à água constituem uma componente importante, são utilizados como ferramentas de comunicação pelas agências reguladoras para descrever a "qualidade" ou a "saúde" de um sistema ambiental específico (por exemplo, água, ar, solo e sedimentos) e para avaliar o impacto das políticas reguladoras em várias práticas de gestão ambiental (Song e Kim, 2009).

ii. Medicina

iii. Sociologia

iv. Ecologia

Benefícios dos índices de qualidade da água

A formulação e a utilização de índices têm sido fortemente defendidas pelas agências responsáveis pelo abastecimento de água e pelo controlo da poluição da água. Uma vez recolhidos os dados sobre a qualidade da água através de amostragem e análise, surge a necessidade de os traduzir numa forma que seja facilmente compreensível. Uma vez desenvolvidos e aplicados, os índices de qualidade da água servem como uma ferramenta conveniente para examinar tendências, para destacar condições ambientais específicas e também para ajudar os decisores governamentais a avaliar a eficácia dos programas regulamentares.

Os índices de qualidade da água ajudam:

i. Afetação de recursos

Os índices podem ser aplicados em decisões relacionadas com a água para ajudar os gestores a afetar fundos e a determinar prioridades.

ii. Atribuição de classificações

Os índices podem ser aplicados para ajudar a comparar a qualidade da água em diferentes locais ou zonas geográficas.

iii. Aplicação das normas

Os índices podem ser aplicados a um local específico para determinar em que medida as normas legislativas e os critérios existentes estão a ser cumpridos ou excedidos.

iv. Análise de tendências

Os índices podem ser aplicados a dados de qualidade da água em diferentes pontos no tempo para determinar as mudanças na qualidade (degradação ou melhoria) que ocorreram durante um período.

v. Informação ao público

A pontuação dos índices é uma medida fácil de compreender do nível de qualidade da água. Os índices podem ser utilizados para manter o público informado sobre a qualidade global da água de qualquer fonte de diferentes fontes alternativas.

Etapas associadas aos índices de qualidade da água.

Entre elas contam-se as seguintes:

i. Seleção de parâmetros

ii. Transformação de parâmetros de diferentes unidades e dimensões para uma escala comum.

iii. Atribuição de coeficientes de correção a todos os parâmetros.

iv. Agregação de subíndices para produzir uma pontuação final do índice.

No entanto, não existe nenhuma técnica ou dispositivo que permita alcançar 100% de objetividade ou precisão nestas etapas. Só se pode tentar reduzir a subjetividade e a imprecisão envolvendo um grande número de peritos na recolha de opiniões e fazendo-o através de uma técnica de recolha de opiniões bem desenvolvida (Abbassi e Arya, 2010). O índice de qualidade da água é calculado para determinar a adequação da água para diferentes fins. (Kankal *et al.*, 2012).

Tabela 3: Estado da qualidade da água de acordo com os valores do WQI (Chatterji e Raziuddin 2002).

Valor dos índices de qualidade da água	Estado
0-25	Excelente qualidade da água
26-50	Boa qualidade da água

51-75	Má qualidade da água
76-100	Qualidade da água muito má
>100	Bebidas impróprias e inadequadas

2.2 Água dura

2.2.1 Definição de água dura

A água dura forma-se quando a água percola através de depósitos de calcário, giz ou gesso, que são maioritariamente constituídos por carbonatos, bicarbonatos e sulfatos de cálcio e magnésio. A água dura deve-se à presença de uma elevada concentração de sais de cálcio e magnésio dissolvidos na água. A água dura é a água que contém catiões com uma carga de +2, especialmente Ca^{2+} e Mg^{2+}. Não forma espuma com o sabão facilmente.

2.2.2 Tipos de água dura

Existem dois tipos de água dura, que incluem:

i. Água dura temporária
ii. Água dura permanente

Água temporariamente dura: A água temporariamente dura é água dura que consiste principalmente em iões de cálcio (Ca^{2+}) e bicarbonato (HCO_3^-).

Água dura permanente: A água dura permanente consiste em concentrações elevadas de aniões, como o anião sulfato (SO_4^{2-}). Este tipo de água dura é referido como "permanente".

2.2.3 Causas da dureza da água

A dureza temporária é causada pela presença de minerais de bicarbonato dissolvidos (bicarbonato de cálcio e bicarbonato de magnésio). Quando dissolvidos, este tipo de minerais produzem catiões de cálcio e magnésio (Ca^{2+} e Mg^{2+}) e aniões carbonato e bicarbonato (CO_3^{2-} e HCO_3^-). A presença dos catiões metálicos torna a água dura.

A dureza permanente é geralmente causada pela presença de sulfato de cálcio/cloreto de cálcio e/ou sulfato de magnésio/cloreto de magnésio na água, que não se precipitam com o aumento da temperatura.

2.2.4 Tratamento da dureza da água

Eliminação da dureza temporária

I. Por ebulição:

Os bicarbonatos solúveis são convertidos em carbonatos insolúveis que são removidos por filtração.

Reacções: $Ca(HCO_3)_2 \rightarrow CaCO_3 + H_2O + CO_2$

$Mg(HCO_3)_2 \rightarrow MgCO_3 + H_2O + CO_2$

II. Método Clarks:

Hidróxido de cálcio (reagente de Clark): remove a dureza da água através do processo de descalcificação ("descalcificação" 2011), convertendo bicarbonatos em carbonato.

Reação: $Ca(OH)_2 + Ca(HCO_3)_2 \rightarrow 2CaCO_3 + 2H_2O$.

Eliminação da dureza permanente

I. Método Permutit de Gan

Neste método, o orto-silicato de alumínio e sódio, conhecido como permutit ou zeolite, é utilizado para remover a dureza permanente da água.

Reação: Nai AI2 SÌ2 O8.KH2O + Ca^{2} 2Na → $^{i+}$ + Ca Ali SÌ2 O8.XH2O

II. O processo de Calgon

Neste método, utiliza-se o hexa-meta-fosfato de sódio $(NaPO_3)_6$, conhecido como Calgon. A dureza da água é removida pela adsorção dos iões Ca^{i+} e Mg^{i+}.

III. Método da resina de permuta iónica

Neste método, a dureza permanente da água é removida através da utilização de resinas. Os iões Ca^{i+}/Mg^{i+} são trocados com Cl^-, os iões SO4 são trocados com resina de troca aniónica (RNHiOH). A água desmineralizada é formada neste processo.

$$2RCOOH + Ca^{2+} \rightarrow (RCOO)_2Ca + 2H^+$$

$$RNH_2OH + Cl^- \rightarrow RNH_2Cl + OH^-$$

$$H^+ + OH^- \rightarrow H_2O.$$

IV. 3 Revisão de estudos semelhantes

Dureza é um termo utilizado para expressar as propriedades de águas altamente mineralizadas. Os minerais dissolvidos na água causam problemas como depósitos de calcário em tubagens de água quente e dificuldade em produzir espuma com sabão (McGraw-Hill, 2010). Os iões de cálcio (Ca^{2+}) e magnésio (Mg^{2+}) causam a maior parte da dureza nas águas naturais. Entram na água principalmente por contacto com o solo e a rocha, particularmente depósitos de calcário (American Public Health Association. 2005). Estes iões estão presentes sob a forma de bicarbonatos, sulfatos e, por vezes, cloretos e nitratos. Geralmente, a água subterrânea (furo) é mais dura do que a água de superfície (*Senguptaet al.,* 2011). Há poucos relatos do efeito da dureza da água sobre a saúde reprodutiva dos homens, a maioria dos quais enfatiza o efeito de seus constituintes, cálcio e magnésio, enquanto outros enfatizam outras falhas e natimortos nas regiões indianas de água dura (Sarkar *et al.,* 2010). Alguns deles estão a mostrar o efeito do excesso de cálcio no sistema reprodutor e o seu efeito negativo na fertilidade (Sengupta e Chaudhuri, 2013). Estes relatórios demonstraram que o stress oxidativo induziu infertilidade nos homens através do cálcio, mas mostraram efeitos benéficos do magnésio. Uma união rica em cálcio e magnésio na água dura, numa combinação correta, ajuda a combater a obstipação. O cálcio presente na água dura faz equipa com o excesso de bílis e as suas gorduras residentes para ensaboar a substância insolúvel, semelhante ao sabão, que é emitida pelo corpo durante os movimentos intestinais (Lopez-Redaura e Willet, 2004). A água dura é indicativa da presença de níveis mais elevados de magnésio. Em certas áreas, a água potável contém 100% ou mais da dose diária recomendada de magnésio, que é de cerca de 300-400 mg por dia, com níveis que variam de acordo com o sexo e a idade.

CAPÍTULO 3

MATERIAIS E MÉTODOS

3.1 Produtos químicos/reagentes e aparelhos/equipamentos

3.1.1 Produtos químicos/reagentes

Os produtos químicos/reagentes utilizados incluem;

Água destilada

Água desionizada

3.1.2 Aparelhos/Equipamentos

Os aparelhos/equipamentos utilizados na experiência são os seguintes

Garrafas de polietileno

Turbidímetro (EUTECH TN/100)

Medidor de condutividade (HACH CO 150)

Espectrofotómetro (HACH DR/2000)

Frascos de célula standard

Kit de teste Hanna (Primo 5)

Termómetro (modelo Suntex TS-2)

Medidor de pH (EUTECH pH 700)

Medidor de sólidos dissolvidos totais (HACH CO 150)

3.2 Breve descrição da área de estudo

Makurdi é a capital do estado de Benue, no centro-leste da Nigéria. É também a sede do governo local da área governamental local de Makurdi. A cidade está dividida pelo rio Benue nas margens norte e sul, que estão ligadas por duas pontes: a ponte ferroviária e a ponte de carruagem dupla. Makurdi está situada entre a latitude 7,6°N e a longitude 7,3°E.

A área de estudo tem um clima tropical. A precipitação anual varia entre 1250 mm e 2000 mm, enquanto a temperatura média é de 32 °C. A estação das chuvas começa entre abril e novembro, enquanto a estação seca abrange um período de dezembro a março.

O trabalho de investigação abrange algumas zonas da metrópole de Makurdi, como North Nank, wurukum, George Akume way, Logo I, Logo II, Banarda, New GRA, Mechanic Village, Mobile Barracks, Wadata e Modern Market. No entanto, isto tem a ver com as águas subterrâneas.

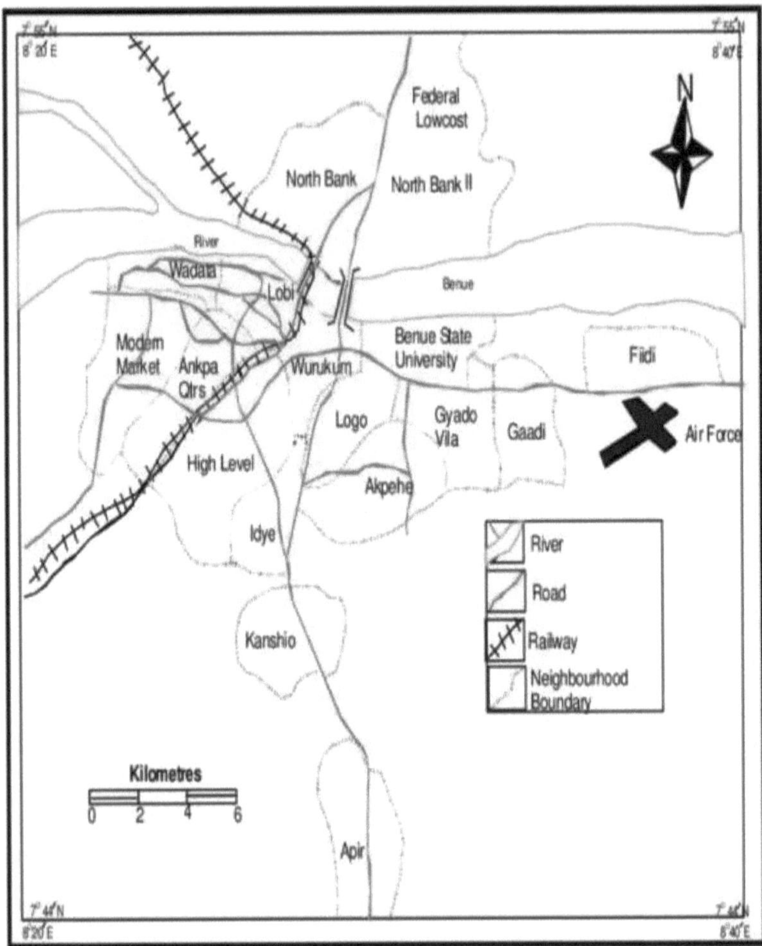

Figura 1: Mapa de Makurdi

3.3 . Recolha de amostras

As amostras foram recolhidas da água de furos em zonas residenciais de Makurdi, da seguinte forma

NAKA ROAD; Mercado Moderno, Wadata e Quartel Móvel

OTUKPO ROAD; Mechanic Village, New GRA, Banarda

GBOKO ROAD; Wurukum, Logo I e II, George Akume way

LAFIA ROAD; margem norte

As amostras foram recolhidas em garrafas de polietileno (PE) de um litro, que foram lavadas com água destilada antes de serem utilizadas e as amostras foram numeradas em função da sua localização.

3.4 Amostra Método analítico

Cada procedimento paramétrico utilizado na análise efectuada é descrito a seguir;

3.4.1 pH

O pH das amostras de água foi medido utilizando um medidor de pH (EUTECH pH 700). Antes da medição do pH das amostras, a sonda do medidor de pH foi primeiro bem lavada com água destilada e depois com a amostra de água a medir. O elétrodo foi então mergulhado no copo de 10 mL. A determinação foi efectuada numa solução não agitada. A sonda foi lavada com água desionizada para evitar a contaminação cruzada entre diferentes amostras.

3.4.2 Dureza total

A dureza total das amostras de água foi medida utilizando um espetrofotómetro (HACH DR/2000). Cada amostra foi vertida num frasco de célula padrão e mantida no espetrofotómetro durante alguns minutos. Depois de atingida a estabilidade da leitura, o valor foi registado.

3.4.3 Condutividade eléctrica

O aparelho utilizado para esta análise é um medidor de condutividade eléctrica (HACH CO 150). A amostra de água para análise foi agitada cuidadosamente antes de se iniciar a medição e deixada estabilizar até que todas as bolhas desaparecessem. O medidor de condutividade foi padronizado com a ajuda de uma solução padrão de cloreto de potássio a uma temperatura constante de 25°C e, em seguida, o frasco da célula padrão de condutividade foi lavado cuidadosamente com água destilada, bem como com uma pequena quantidade da amostra a ser testada. A célula foi então completamente preenchida com a amostra. A condutividade eléctrica da amostra foi lida no ecrã LCD do medidor de condutividade.

3.4.4 Turbidez

A turvação das amostras de água foi medida com um turbidímetro (EUTECH

TN/100). Cada amostra foi agitada vigorosamente até as bolhas desaparecerem. A célula do turbidímetro foi enchida com água destilada para estabilização. A célula foi então enchida com a amostra de teste e as leituras foram efectuadas.

3.4.5 Cor

Foi utilizado um espetrofotómetro de registo de dados (HACH DR/2000) para a determinação da cor das amostras. Cada amostra foi vigorosamente agitada até ao desaparecimento das bolhas de ar. O aparelho foi então estabilizado com água destilada. Encheu-se a célula com água destilada e selecionou-se o programa 120. A amostra foi então vertida na célula do espetrofotómetro e a leitura foi efectuada no comprimento de onda de 445 nm.

3.4.6 Sólidos totais dissolvidos

O total de sólidos dissolvidos das amostras foi medido utilizando um medidor de TDS (HACH CO 150). O elétrodo foi cuidadosamente lavado e, em seguida, mergulhado na amostra numa solução de

200 mL e a amostra foi deixada a estabilizar antes de efetuar a leitura final. E o elétrodo foi lavado com água desionizada para evitar a contaminação cruzada das amostras.

3.4.7 Temperatura

A temperatura das amostras de água foi medida com um termómetro (modelo suntex TS-2). O termómetro foi introduzido na água a uma profundidade de 15 cm e a temperatura foi lida.

3.5 Garantia/Controlo da qualidade e análise estatística dos resultados

3.5.1 Garantia de qualidade/controlo

A qualidade desejada do resultado a ser obtido da análise seria mantida porque a revisão do processo foi feita, uma gestão de qualidade foi implementada.

3.5.2 Análise estatística dos resultados

A análise estatística do resultado será empregue no resultado para inspecionar os dados adquiridos dos parâmetros físico-químicos, a distribuição considerada para resumir as caraterísticas do conjunto de dados.

CAPÍTULO 4

RESULTADOS E DISCUSSÃO

4.1 Parâmetros de qualidade das amostras de água de furos
Tabela 4: Resultado de alguns atributos físico-químicos da água de furo

Amostras

S/ N o	Amostragem Área	TDS mg/ L	CE µS/m	Colou rPtCo	Turbidi tipo NTU	Temperatu re C	pH	TH mg/ L
1	Banco do Norte	108	140	30	2.52	30.2	6.8	35
2	Logótipo I	774	1160	32	2.60	31.4	7.6	360
3	Logótipo II	830	1150	24	2.53	30.6	7.4	165
4	George Caminho de Akume	372	520	19	1.92	29.5	8.0	350
5	Wurukum	699	970	18	1.43	29.8	7.9	490
6	Novo GRA	062	008	15	1.75	29.0	8.8	185
7	Mecânico Aldeia	266	370	42	2.57	30.4	6.8	280
8	Banarda	169	230	08	1.23	30.1	7.3	250
9	Wadata	038	004	38	2.13	29.8	6.9	320
10	Moderno Mercado	383	530	32	4.23	30.3	7.2	280
11	Telemóvel Barraca	122	160	21	2.69	31.1	6.9	220

Chaves:

TH=Dureza total

TDS=Sólidos Totais Dissolvidos

EC=Condutividade eléctrica

4.1.1 pH O pH, que mede a intensidade da acidez ou alcalinidade da solução, foi revelado na análise da fonte de água subterrânea (furo) entre 6,8-8,5 no período de estudo. Uma amostra é considerada ácida se o pH for inferior a 7,0, água ácida que leva à corrosão de metais, tubos e sistemas de canalização. A água alcalina é considerada alcalina se o pH for superior a 7,0, o que provoca a desinfeção da água. O intervalo normal de pH da água potável mencionado na OMS e na NDWQS é de 6,5-8,5. Os valores de pH de todas as amostras situam-se entre 6,8 e 8,8, sendo os valores mais baixos e mais altos registados em North Bank/Mechanic Village e New GRA, respetivamente. Das onze amostras, dez amostras têm um intervalo de pH dentro do recomendado pela OMS e pela NDWQS, enquanto uma amostra tem um pH fora desse intervalo de 8,8 e essa água deve ser tratada antes de ser bebida.

4.1.2 Dureza total

Diz-se que isto ocorre na água devido à presença de iões de cálcio e magnésio (Ca^{2+} e Mg^{2+}), ocasionalmente o ferro também está envolvido, a área aniónica associada é principalmente o sulfato (SO_4^{2-}) Nitrato (NO_3^-) e Cloreto (Cl^-).

A dureza faz com que a água não se forme com o sabão. Na análise efectuada, as amostras de fontes subterrâneas apresentaram uma dureza total entre (35-490 mg/L). Sabe-se que uma dureza inferior a 60 mg/l é considerada suave, no entanto, uma dureza de 61-180 não é censurável para a maioria dos fins, mas a quantidade necessária para reduzir o cálcio e o magnésio aumenta com o mineral. A água subterrânea analisada tem uma dureza total elevada, alguns valores medidos são superiores à norma da OMS que é (0-300 mg/l) para beber. A dureza de 490 mg/l indica que o calcário e o gesso estão presentes na fonte de água e precisam de ser tratados antes de serem consumidos.

O valor numérico da dureza tem significado apenas no sentido relativo. Um indivíduo numa área onde a água normalmente contém apenas uma pequena quantidade de sólidos dissolvidos pode considerar a água com 100 mg/l de dureza como muito dura, sendo a água analisada como moderada para beber e para outras utilizações.

4.1.3 Sólidos totais dissolvidos (TDS)

O valor do total de sólidos dissolvidos na amostra de água subterrânea (furo) no mês de outubro variou entre 062-830 mg/l, o que se encontra dentro do intervalo da norma (OMS, 1984) (1000 mg/l). No entanto, a água subterrânea (furo) apresenta um intervalo de (062-830 mg/L) que é superior ao da água de superfície, o que pode dever-se ao escoamento da natureza porosa do solo e à dissolução de minerais na água e esta amostra de água varia de fonte para fonte.

4.1.4 Condutividade eléctrica (CE)

A condutividade eléctrica é a capacidade da água para transportar uma corrente eléctrica. A presença de sólidos dissolvidos como o cálcio, o cloreto e o magnésio nas amostras de água conduz a corrente eléctrica através da água.

Os resultados mostraram que a condutividade medida de todas as amostras de água varia entre 04-1160 us/cm. De acordo com a NDWQS, o nível máximo permitido de condutividade é de 1000 uS/cm.

É expetável encontrar elevados teores de minerais na água mineral, o que resultou num valor de condutividade mais elevado (*Azrinaet al.,* 2013). Os valores de condutividade de algumas amostras estão fora do intervalo máximo permitido (1000 us/m). Mas a condutividade não tem um impacto direto na saúde humana. Uma condutividade elevada pode levar a uma diminuição do valor estético da água, conferindo-lhe um sabor mineral. Para a atividade industrial e agrícola, é fundamental monitorizar a condutividade da água. A água com elevada condutividade pode provocar a corrosão da superfície metálica de equipamentos como as caldeiras, sendo também aplicável a electrodomésticos como o sistema de aquecimento de água e as torneiras. As espécies de plantas alimentares e formadoras de habitat também são eliminadas pela condutividade excessiva.

4.1.5 Cor

A cor da água deve-se à presença de matéria em decomposição, partículas de solo em suspensão e ferro, que foi considerado como um dos parâmetros da unidade platina-cobalto (PtCo). A quantidade de cor presente na água foi determinada como estando dentro do intervalo de (08-42 PtCo). A norma internacional da OMS para a água potável varia entre 0-50 PtCo. As amostras recolhidas da água subterrânea (furo) estavam dentro do intervalo (OMS, 1985). Isto mostra que, a água subterrânea (furo) na metrópole de Makurdi é boa para consumo em comparação com o padrão da OMS, portanto, não deve ser tratada antes do consumo.

4.1.6 Turbidez

A turvação é a turvação da água causada por uma variedade de partículas e é outro parâmetro fundamental na análise da água potável. Está também relacionada com o teor de organismos causadores de doenças na água, que podem provir do escoamento. Os resultados de turbidez para todas as amostras analisadas variam entre 1,43-4,23 NTU. O limite máximo de turbidez recomendado pela OMS e pela NDWQS para a água potável é de 5 NTU. Os resultados indicam que a turvação de todas as amostras analisadas se situa abaixo do limite máximo normalizado de 5 NTU. Por conseguinte, são boas para consumo.

4.1.7 Temperatura

A temperatura é definida como o grau de calor ou frio de uma substância e foi medida em todas as amostras recolhidas. O resultado obtido mostrou um intervalo (29,0-31,4) para a água subterrânea (furo). Tendo em conta estes resultados, a diferença entre a temperatura da água subterrânea (furo) e da água superficial deve-se à profundidade, uma vez que a temperatura aumenta com a profundidade. Pode também ser baseada na inferência da forma do terreno interior da crosta terrestre dentro da área. A temperatura do ambiente também pode influenciar a diferença de temperatura da água subterrânea (furo). A temperatura indica o nível de oxigénio dissolvido e de algumas bactérias na água, quanto mais elevada for a temperatura, mais baixa é a taxa de sobrevivência dos microrganismos (OMS 1985) recomendou que a água fria é preferível para beber do que a água quente.

4.2 Cálculo do índice de qualidade da água utilizando o método aritmético

Peso Fórmula aritmética do índice de qualidade da água:

$$Q_i = 100\left[\frac{Vi-Vo}{Si-Vo}\right] \tag{2}$$

onde;

Qi = Correspondente ao parâmetro n^{th}

v_i = Valor estimado do parâmetro n^{th}

s_i = Valor padrão admissível do $^{n\text{-ésimo}}$ parâmetro

Vo = Valor ideal do parâmetro n^{th} em água pura (i.e. O para todos os outros parâmetros exceto os parâmetros pH e oxigénio dissolvido 7,0 e 14,6 mg/l respetivamente)

O peso unitário é calculado por um valor inversamente proporcional ao valor padrão recomendado (s_i) do parâmetro correspondente.

$$W_i = \frac{K}{Si} \tag{3}$$

onde;

w_i= Peso unitário para o parâmetro n^{th}

s_i = Valor padrão admissível do $^{n\text{-ésimo}}$ parâmetro

K = Constante de proporcionalidade

Mas K é calculado através desta fórmula;

$$K = \frac{1}{\Sigma(\frac{1}{Si})} \tag{4}$$

O índice global de qualidade da água (IQA) é calculado pela seguinte equação:

$$WQI = \frac{\Sigma\, QiWi}{\Sigma\, Wi} \tag{5}$$

Tabela 5: Parâmetro da água potável, unidade, valor padrão, recomendado Agência e valor ideal

S/No	Parâmetro	Unidade	Padrão Valor	Recomendado Agência	Ideal Valor
1	pH	-	6.5-8.5	OMS/ICMR	7

2	TDS	Mg/L	1000	OMS	0
3	CE	us/c	1000	NDWQS	0
4	TH	Mg/L	300	ICMR	0
5	Cor	PtCo	15	ICMR	0
6	Turbidez	NTU	5	OMS	0
7	Temperatura	^{0}C	25	CE	0

Fonte: Organização Mundial de Saúde, 1984

Comunidade Europeia, Diretiva 80/778/CEE

Conselho Indiano de Investigação Médica

Norma nacional de qualidade da água para consumo humano

CHAVE:

TDS= Sólidos Totais Dissolvidos

CE= Condutividade eléctrica

TH= Dureza total

Quadro 6: Cálculo da constante de proporcionalidade $K=\frac{1}{\Sigma(\frac{1}{Si})}$

S/No	Parâmetro	Si	1	$K=\frac{1}{\Sigma(\frac{1}{Si})}$
1	pH 8.5	0.118 2.27		
2	TDS 1000	0.001		
3	CE 1000	0.001		
4	TH 300	0.003		
5	Cor150.0667			
6	Turbidez 5	0.200		
7	Temperatura25	0.050		
Soma	**0.44**			

Tabela 7: Cálculo do IQA da margem norte

S/No	Parâmetro	Si	Vi	Qi	Wi	QiWi
1	pH	8.5	6.8	-13.33	0.2671	-3.5604

2	TDS	1000	108	10.80	0.0023	0.0248
3	CE	1000	140	14.00	0.0023	0.0322
4	TH	300	35	11.67	0.0076	0.0887
5	Cor	15	30	200.00	0.1513	30.26
6	Turbidez	5	2.52	50.40	0.454	22.8516
7	Temperatura	25	30.2	151	0.0908	13.7108
Soma					**1**	**63**

$$\text{WQI} = \frac{\sum QiWi}{\sum Wi}$$

$$= \frac{63}{1}$$

$$= 63$$

Quadro 8: Cálculo do logotipo I do índice de qualidade da água

S/No	Parâmetro	Si	Vi	Qi	Wi	QiWi
1	pH	8.5	7.6	40	0.2671	10.684
2	TDS	1000	774	77.4	0.0023	0.1780
3	CE	1000	1160	116	0.0023	0.2668
4	TH	300	360	120	0.0076	0.9120
5	Cor	15	32	213.3	0.1513	32.2723
6	Turbidez	5	2.60	52	0.4540	23.6080
7	Temperatura	25	31.4	125.6	0.0908	11.4045
Soma					**1**	**79**

$$\text{WQI} = \frac{\sum QiWi}{\sum Wi}$$

$$= \frac{79}{1}$$

$$= 79$$

Quadro 9: Cálculo do IQA do logótipo II

S/No	Parâmetro	Si	Vi	Qi	Wi	QiWi
1	pH	8.5	7.4	26.67	0.2671	7.1236

2	TDS	1000	830	83	0.0023	0.1909
3	CE	1000	1150	115	0.0023	0.2645
4	TH	300	165	55	0.0076	0.4180
5	Cor	15	24	160	0.1513	24.2080
6	Turbidez	5	2.53	50.6	0.4540	22.9724
7	Temperatura	25	30.6	122.4	0.0908	11.1139
Soma					**1**	**66**

$$WQI = \frac{\sum QiWi}{\sum Wi}$$

$$= \frac{66}{1}$$

$$= 66$$

Tabela 10: Cálculo do IQA da Via George Akume

S/No	Parâmetro	Si	Vi	Qi	Wi	QiWi
1	pH	8.5	8.0	66.67	0.2671	17.8076
2	TDS	1000	372	37.2	0.0023	0.0856
3	CE	1000	520	52	0.0023	0.1196
4	TH	300	350	116.67	0.0076	0.8867
5	Cor	15	19	126.67	0.1513	19.1652
6	Turbidez	5	1.92	38.4	0.4540	17.4336
7	Temperatura	25	29.5	118	0.0908	10.7144
Soma					**1**	**66**

$$WQI = \frac{\sum QiWi}{\sum Wi}$$

$$= \frac{66}{1}$$

$$= 66$$

Tabela 11: Cálculo do IQA de Wurukum

S/Não	Parâmetro	Si	Vi	Qi	Wi	QiWi
1	pH	8.5	7.9	60	0.2671	16.026

2	TDS	1000	699	69.9	0.0023	0.1601
3	CE	1000	970	97	0.0023	0.2231
4	TH	300	490	163.33	0.0076	1.2413
5	Cor	15	18	120	0.1513	18.1560
6	Turbidez	5	1.43	28.6	0.4540	12.9844
7	Temperatura	25	29.8	119.2	0.0908	10.8234
Soma					**1**	**59**

$$WQI = \frac{\sum QiWi}{\sum Wi}$$

$$= \frac{59}{1}$$

$$= 59$$

Tabela 12: Novo cálculo do IQA do GRA

S/No	Parâmetro	Si	Vi	Qi	Wi	QiWi
1	pH	8.5	8.8	120	0.2671	32.052
2	TDS	1000	062	6.2	0.0023	0.0143
3	CE	1000	80	8	0.0023	0.0184
4	TH	300	185	61.67	0.0076	0.4687
5	Cor	15	15	100	0.1513	15.13
6	Turbidez	5	1.72	34.4	0.4540	15.6176
7	Temperatura	25	29.8	119.2	0.0908	10.8234
Soma					**1**	**74**

$$WQI = \frac{\sum QiWi}{\sum Wi}$$

$$= \frac{74}{1}$$

$$= 74$$

Tabela 13: Cálculo do IQA de Mechanic Village

S/Não	Parâmetro	Si	Vi	Qi	Wi	QiWi
1	pH	8.5	6.8	-13.33	0.2671	-3.5604

2	TDS	1000	266	26.6	0.0023	0.0612
3	CE	1000	370	37	0.0023	0.0851
4	TH	300	280	93.33	0.0076	0.7093
5	Cor	15	42	280	0.1513	42.364
6	Turbidez	5	2.57	51.4	0.4540	23.3356
7	Temperatura	25	30.4	121.6	0.0908	11.0413
Soma					**1**	**74**

$$WQI = \frac{\sum QiWi}{\sum Wi}$$

$$= \frac{74}{1}$$

$$= 74$$

Tabela 14: Cálculo do IQA de Banarda

S/Não	Parâmetro	Si	Vi	Qi	Wi	QiWi
1	pH	8.5	7.3	20	0.2671	5.342
2	TDS	1000	169	16.9	0.0023	0.0389
3	CE	1000	230	23	0.0023	0.0529
4	TH	300	250	83.33	0.0076	0.6333
5	Cor	15	8	53.33	0.1513	8.0693
6	Turbidez	5	1.23	24.6	0.4540	11.1684
7	Temperatura	25	30.1	120.4	0.0908	10.9323
Soma					**1**	**36**

$$WQI = \frac{\sum QiWi}{\sum Wi}$$

$$= \frac{36}{1}$$

$$= 36$$

Tabela 15: Cálculo do IQA da Wadata

S/No	Parâmetro	Si	Vi	Qi	Wi	QiWi

1	pH	8.5	6.9	-6.67	0.2671	-1.7849
2	TDS	1000	038	3.8	0.0023	0.0087
3	CE	1000	40	4	0.0023	0.0092
4	TH	300	320	106.67	0.0076	0.8170
5	Cor	15	38	253.33	0.1513	38.3288
6	Turbidez	5	1.23	24.6	0.4540	11.1684
7	Temperatura	25	120.4	120.4	0.0908	10.9323
Soma					**1**	**59**

$$WQI = \frac{\sum QiWi}{\sum Wi}$$

$$= \frac{59}{1}$$

$$= 59$$

Quadro 16: Cálculo do IQA do mercado moderno

S/Não	Parâmetro	Si	Vi	Qi	Wi	QiWi
1	pH	8.5	7.2	13.33	0.2671	3.5680
2	TDS	1000	383	38.3	0.0023	0.0881
3	CE	1000	530	53	0.0023	0.1219
4	TH	300	280	93.33	0.0076	0.7093
5	Cor	15	32	213.33	0.1513	32.2773
6	Turbidez	5	4.23	84.6	0.4540	38.4084
7	Temperatura	25	30.3	121.2	0.0908	11.0050
Soma					**1**	**86**

$$WQI = \frac{\sum QiWi}{\sum Wi}$$

$$= \frac{86}{1}$$

$$= 86$$

Tabela 17: Cálculo do IQA da caserna móvel

S/No	Parâmetro	Si	Vi	Qi	Wi	QiWi

1	pH	8.5	6.9	-6.67	0.2671	-1.7849
2	TDS	1000	122	12.2	0.0023	0.0281
3	CE	1000	160	16	0.0023	0.0368
4	TH	300	220	73.33	0.0076	0.5573
5	Cor	15	21	140	0.1513	21.1820
6	Turbidez	5	2.69	53.8	0.4540	24.4252
7	Temperatura	25	31.1	120.4	0.0908	10.9323
Soma					**1**	**55**

$$WQI = \frac{\sum QiWi}{\sum Wi}$$

$$= \frac{55}{1}$$

$$= 55$$

Quadro 18: Índice de qualidade da água, grau e estado da qualidade da água

Índice de qualidade da água	Grau	Estado
0-25	A	Excelente qualidade
26-50	B	Boa qualidade
51-75	C	Má qualidade
76-100	D	Muito má qualidade
>100	E	Inadequado para beber

Fonte: Chatterji e Raziuddin (2002).

As fontes de água subterrânea (furos) em North Bank, Logo I, Logo II, George Akume Way, Wurukum, New GRA, Mechanic Village, Banarda, Wadata, Modern Market e Mobile Barracks, partes de Makurdi, têm o índice de qualidade da água de 63, 79, 66, 66, 59, 74, 74, 36, 59, 86 e 55 respetivamente, que são todas próprias e adequadas para beber (Chatterji e Raziuddin 2002).

CAPÍTULO 5

CONCLUSÃO E RECOMENDAÇÕES

5.1 Conclusão

O trabalho de investigação foi concebido para efetuar o estudo dos parâmetros físicos e químicos da água subterrânea (furo) na metrópole de Makurdi. Os resultados também contêm o teste de alguns parâmetros para as propriedades físicas e químicas.

Os parâmetros físicos testados foram: sólidos totais dissolvidos, condutividade eléctrica, cor, turvação e temperatura. Os parâmetros químicos foram: pH e dureza total. As caraterísticas exibidas pelas várias propriedades da água mostram que algumas estavam ligeiramente abaixo e acima da norma da OMS permitida para beber e para uso doméstico. O trabalho de investigação abrangeu a metrópole de Makurdi. As zonas abrangidas incluem: North Bank, Logo I, Logo II, George Akume Way, Wurukum, New GRA, Mechanic Village, Banarda, Wadata, Modern Market e Mobile Barracks.

O desvio de alguns valores em relação aos valores-padrão publicados pelas propriedades da OMS pode ser resultado de poluição, contaminação bacteriana, factores geológicos e actividades humanas, etc. A descarga indiscriminada de esgotos em fontes de água subterrânea (furos) e outros resíduos tóxicos podem causar doenças aos seres humanos.

5.2 Recomendações

Com base nos resultados deste trabalho de investigação, o autor pode formular as seguintes recomendações:

Os furos devem ser devidamente protegidos do local, numa zona propícia e conveniente para que os contaminantes ou os elementos decompostos das fossas, latrinas e lixo não alterem as propriedades da água, podendo torná-la inferior ao nível de utilização pretendido.

As famílias devem também abster-se de deitar esgotos e produtos industriais nas fontes de abastecimento de água.

No caso desta pesquisa, descobri que havia poucos furos públicos e que a maioria dos furos era propriedade de indivíduos e estabelecimentos dentro da cidade, pelo que recomendei humildemente que o governo aumentasse o número de furos públicos e que também introduzisse o sistema público de abastecimento de água nas áreas onde não existe abastecimento público de água, para melhorar o abastecimento adequado de água durante a estação seca, quando a maioria dos poços rasos seca.

Os resultados destas análises não são suficientemente completos para permitir uma avaliação exaustiva. Esperava-se que o estudo determinasse o odor, o sabor, o total de sólidos suspensos, o cloreto, o azoto, o oxigénio dissolvido, o magnésio, o cálcio, alguns elementos inorgânicos, tais como elementos radioactivos como o cádmio, o arsénio, o chumbo, etc., bem como o cianeto fonético e outros produtos químicos orgânicos.

Por conseguinte, devem ser efectuados mais estudos sobre estes parâmetros para uma avaliação exaustiva das propriedades da água. Também recomendo que a investigação e a avaliação das propriedades físicas e químicas da água subterrânea (furo) na metrópole de Makurdi sejam efectuadas durante um período que abranja tanto a estação seca como a estação chuvosa, para se obter um relatório exaustivo.

REFERÊNCIAS

Abbas SH, Ismail IM, Mostafa TM, Sulaymon AH. Biosorção de metais pesados: A review. *Jornal de Ciência Química e Tecnologia. 2014;3:74-102.*

Alley ER. Water Quality Control Handbook. Vol. 2. Nova Iorque: McGrawHill; 2007.

Aniebone O, R.Mohammed, E.E.Nwambaando (2017) Avaliação da qualidade das águas subterrâneas no instituto nigeriano de investigação oceanográfica e marinha: implicações para a produção de aquacultura (Recebido em 6 de março de 2017; Revisão aceite em 5 de junho de 2017).

APHA. Standard Methods for the Examination of Water and Wastewater (Métodos Padrão para o Exame de Água e Águas Residuais). 21ª ed. Washington, DC: Associação Americana de Saúde Pública; 2005.

Curry, E. (2010) Water Scarcity and the Recognition of the Human Right to Safe Freshwater (Escassez de água e o reconhecimento do direito humano à água doce segura). *Northwestern Journal of Human Rights, 9, 103.*

Davis ML, David A. Introdução à Engenharia Ambiental. 4a ed. New York: McGraw-Hill Companies; 2008.

Dinka, M.O. (2018) Água potável segura: Conceitos, benefícios, princípios e normas. In: Glavan, M., Ed., Water Challenges of an Urbanizing World, IntechOpen, Londres, 163-181.

Gray, F.N. (2014) Controlo de agentes patogénicos na água potável. In: Percival, L.S. and Yates V.M., Eds., Microbiology of Waterborne Diseases, 2nd Edition, Elsevier, Oxford, Volume 1, 537-570.

Gupta, D. P., Sunita e J. P. Saharan, (2009), Physiochemical Analysis of Ground Water of Selected Area of Kaithal City (Haryana) India, Researcher, 1(2), pp 1-5.

Horton, R.K. 1965. An index number system for rating water quality, *Journal of Water Pollution Control Federation, 37(3), pp 300-306.*

Johnson, Lynn E. (2009). Geographic Information Systems in Water Resources Engineering (Sistemas de Informação Geográfica em Engenharia de Recursos

Hídricos). (Taylor & Francis Group, uma empresa informa). Nova Iorque

Levallois, P. e Villanueva, C.M. (2019) A qualidade da água potável e a saúde humana: Um Editorial. *Revista Internacional de Investigação Ambiental e Saúde Pública, 16, 631.*

M. D. Victor-Ortega, J. M. Ochando-Pulido, D. A. Rodriguez, A. Martinez-Ferez, *Journal of Industrial and Engineering Chemistry 34, 224 (2016).*

Moe, C.L. e Rheingans, R.D. (2006) Global Challenges in Water, Sanitation and Health. *Journal of Water and Health, 4, 41-57.*

N. Rahmanian, SitiHajarBt Ali, M. Homayoonfard, Ali N.J, M. Rehan, Y. Sadef, and A. S. Nizami edited by AthanasiosKatsoyiannis, *Chemistry journal on Analysis of Physiochemical Parameters to Evaluate the Drinking Water Quality in the State of Perak, Malaysia.*

Navneet, Kumar, D. K. Sinha, (2010), Gestão da qualidade da água potável através de estudos de correlação entre vários parâmetros físico-químicos: A case study, *International Journal of Environmental Sciences, 1(2), pp 253-259.*

Ocheri, M.I e I.I. Mile.2010. Variação espacial e temporal na qualidade das águas subterrâneas da formação Makurdisedime-ntary. *Jornal de Geografia, Ambiente e Planeamento, Vol.6, No.1, pp. 141 146.*

Ohwo, O. e Abotutu, A. (2014) Acesso ao Abastecimento de Água Potável nas Cidades Nigerianas Evidências da Metrópole de Yenagoa. *Jornal Americano de Recursos Hídricos, 2, 31-36.*

PallavSengupta, (2013) Potential Health Impacts of Hard Water, *Artigo no International Journal of Preventive Medicine.*

PallavSengupta, (2013). Impactos potenciais da água dura na saúde. Int. J. Prev. Med, Vol. 4(8): 866-875.

Patil, P.R., Badgujar, S.R. &Warke, A.M., Oriental J. of Chem. 17 (2), pp. 283, 2001.

Patil, V.T. &Patil, P.R., Análise físico-química de amostras selecionadas de águas subterrâneas da cidade de Amalner no distrito de Jalgon, Maharashtra, Índia. *E- Journal of Chemistry, 7 (1), pp. 111- 116, 2010.*

Premlata, Vikal, (2009), Análise multivariante dos parâmetros de qualidade da água potável do lago Pichhola em Udaipur, Índia. Biological Forum, Biological Forum, *An International Journal, 1(2), pp 97-102.*

Raja, R.E., Sharmila, L., Merlin, J.P. & Christopher, G., India J. of Environ. Protection, 22 (2), pp.137, 2002.

RajaramDhok e Vikram S. Ghole, (2013). *Artigo sobre a dureza dos recursos hídricos subterrâneos e a sua adequação para fins de consumo*
setembro de 2005, U.S. Environmental Protection Administration, pp. 6-7.

Shah C. Que parâmetros físicos, químicos e biológicos da água determinam a sua qualidade?; 2017.

SixtusBieranye, Bayaa Martins Saana, Samuel AsieduFosu e Thomas karikari (2016) *Artigo sobre a avaliação da qualidade das águas subterrâneas para fins de consumo nas regiões do Alto Oeste e do Norte do Gana.*

Spellman FR. Handbook of Water and Wastewater Treatment Plant Operations. 3ª ed. Boca Raton: CRC Press; 2013.

Spellman FR. The Drinking Water Handbook. 3ª ed. Boca Raton: CRC Press; 2017.

Tchobanoglous G, Burton FL, Stensel HD. Metcalf & Eddy Wastewater Engineering: Treatment and Reuse. 4a ed. Nova Deli: Tata McGraw-Hill Limited; 2003.

Enciclopédia de Química Industrial de Ullmann - Água. Weinheim: Wiley-VCH. "cal softening" Recuperado em 4 de novembro de 2011.

UN-HABITAT, Água e Saneamento (2013) Programas: Água e Saneamento.

Métodos laboratoriais de análise da qualidade da água pelo Dr. (Sra.) LeenaDeshpande

Relatório de 2019 do Programa Conjunto de Monitorização da OMS/UNICEF. Progressos no domínio da água potável, do saneamento e da higiene: 2000-2017: Special Focus on Inequalities, Nova Iorque/Genebra.

Organização Mundial de Saúde (2011) Guidelines for drinking-water quality. 4ª ed. Genebra, Suíça.

Organização Mundial da Saúde (OMS). (2018). Uma visão global dos regulamentos e normas nacionais para a qualidade da água potável. Recuperado de http://www.who.int

Printed by Books on Demand GmbH, Norderstedt / Germany